Sitzungsberichte
der Akademie der Wissenschaften
der DDR
Mathematik – Naturwissenschaften – Technik

1 N

1989

Johannes Heydenreich

Analytische Elektronenmikroskopie in der Werkstofforschung

AKADEMIE-VERLAG BERLIN

Sitzungsberichte
der Akademie der Wissenschaften
der DDR
Mathematik – Naturwissenschaften – Technik

Jahrgang 1989 · Nr. 1/N

Johannes Heydenreich

Analytische Elektronenmikroskopie in der Werkstofforschung

AKADEMIE-VERLAG BERLIN
1989

Vortrag von Johannes Heydenreich,
Korrespondierendes Mitglied der
Akademie der Wissenschaften der DDR,
gehalten auf der Sitzung der Klasse
Werkstoffwissenschaft am 5. Mai 1988

Herausgegeben im Auftrage
des Präsidenten der Akademie
der Wissenschaften der DDR
von Vizepräsident Prof. Dr. Hans-Heinz Emons

ISBN 3-05-500 524-4
ISSN 0138-3965
Erschienen im Akademie-Verlag Berlin, Leipziger Str. 3–4, DDR-1086 Berlin

Lizenznummer 202 · 100/361/89
Printed in the German Democratic Republic
Gesamtherstellung VEB Druckhaus Köthen
LSV 1185
Bestellnummer: 763 997 9 (2010/89/1/N)
00500

1 Einführung

Innerhalb der Festkörperphysik, der Festkörperchemie und insbesondere der Werkstofforschung hat die Aufklärung von Struktur-Eigenschafts-Beziehungen von Materialien zunehmend an Bedeutung gewonnen. Durch Kenntnis dieser Beziehungen, z. B. bei Konstruktionswerkstoffen oder auch bei Bauelementen der Mikro- und Optoelektronik, lassen sich Empfehlungen für die Entwicklung, die Weiterentwicklung bzw. die Verbesserung von Werkstoffen ableiten und – was die Mikroelektronik betrifft – Beiträge zur Optimierung und zur Parameterverbesserung der Bauelemente geben. Die dazu notwendige Charakterisierung der Defektstruktur wird als Werkstoffdiagnostik bzw. als Bauelementediagnostik bezeichnet; die Elektronenmikroskopie mit ihrer Möglichkeit des Vordringens in den Nanometerbereich ist hierfür besonders geeignet.

Die Stellung der analytischen Elektronenmikroskopie innerhalb des Gesamtgebietes der Elektronenmikroskopie (EM) läßt sich in einfacher Weise aus den Entwicklungstrends dieser Untersuchungsmethode erkennen, die in 4 Richtungen verlaufen: Oberflächen-EM, In-Situ-EM, Hochauflösungs-EM, Analytische EM. Die Oberflächen-EM wird für die Charakterisierung reiner bzw. definiert behandelter Oberflächen eingesetzt, wobei die Oberflächen-Rasterelektronenmikroskopie die routinemäßig benutzte Untersuchungstechnik ist. Dem Trend zur Erfassung der atomaren Struktur von Oberflächen trägt das neue Gebiet der Rastertunnelmikroskopie Rechnung. In der In-Situ-EM ist man an der bildmäßigen Erfassung der Mikrostruktur massiver Festkörper während definierter Objektbehandlungen (Deformation, Temperatur- und Strahlenbehandlungen, Gasreaktionen mit der Umgebung) interessiert. Untersuchungen dieser Art sind nur an hinreichend dicken Objekten sinnvoll, wozu der Einsatz der Höchstspannungs-EM notwendig ist. Dem Trend zur Erfassung der atomaren Struktur massiver Festkörper trägt die Hochauflösungs-EM Rechnung. Die Erfassung der Feinstruktur von Gitterdefekten in kristallinen Materialien ist hier eine besondere Aufgabe. In der analytischen Elektronenmikroskopie ist man zusätzlich zu Aussagen über die Mikrostruktur auch an der Elementspezifik, d. h. an einer chemischen Analyse, im Submikrometer- bzw. besser im Nanometerbereich interessiert.

Es wird eine komplexe Analyse angestrebt, die am gleichen Objektbereich die Erfassung der Morphologie, der Gitterstruktur und der chemischen Zusammensetzung in Nanometergebieten gestattet. Die dazu notwendigen Verfahren der hochauflösenden Abbildung, der Mikrobeugung und der Spektroskopie sind die wichtigsten Teilaspekte der analytischen Elektronenmikroskopie (AEM) [1–5]. Der hohe Lokalisierungsgrad wird dabei nur am dünnen Objekt (10 nm bis 100nm Dicke) erzielt, so daß auch die Bezeichnung „Analytische Transmissions-EM" gebräuchlich ist.

Einige Beispiele sollen die Notwendigkeit des Einsatzes der analytischen Elektronenmikroskopie erläutern: Bei der Untersuchung der elektrischen Wirksamkeit von Kristalldefekten in Halbleitern (siehe z. B. [6]) – eine sehr aktuelle Untersuchungsrichtung der Halbleiterphysik und der Mikroelektronik – findet man durch Vergleich von konventioneller Transmissions-Elektronenmikroskopie (TEM) und rastermikroskopischer EBIC-Technik[1] (Abb. 1: oben – TEM, unten – EBIC), daß in Halbleitern, z. B. in Silicium, Versetzungen gleichen Typs nur bereichsweise elektrisch aktiv sind, erkenntlich am starken EBIC-Kontrast. Es wird vermutet, daß nur die mit Fremdatomen dekorierten Teile der Versetzungen wirksam sind. Somit erweist es sich als notwendig, die Kernstruktur der Versetzungen auf atomarem Niveau zu erfassen. Als Beispiel ist in Abb. 2 in einer Hochauflösungs-Aufnahme eine aufgespaltene 60°-Versetzung wiedergegeben, die aus einer 30°-Partialversetzung (links), aus einer 90°-Partialversetzung (rechts) und einem dazwischen liegenden Stapelfehler besteht. Aus der Abschätzung des Kontrastes der Hochauflösungs-Aufnahme kann das Vorhandensein von Fremdatomen in der 90°-Partialversetzung vermutet werden. Zur Kennzeichnung der Art der Verunreinigung in diesem Bereich von etwa 3 nm Ausdehnung wäre der

[1] Die EBIC-Technik ist ein für Halbleiteruntersuchungen anwendbares rasterelektronenmikroskopisches Spezialverfahren, bei welchem zum Bildaufbau elektronenstrahlinduzierte Ströme (Electron Beam Induced Current) benutzt werden. Das Grundprinzip des Verfahrens beruht darauf, daß durch die Wechselwirkung zwischen Elektronensonde und halbleitendem Objekt Elektron-Loch-Paare erzeugt werden. Diese tragen zum Leitungsgeschehen im von der Sonde erfaßten Bereich bei, und der zusätzlich erzeugte Elektronenstrom kann zur Bilderzeugung im Rasterelektronenmikroskop ausgenutzt werden. Im allgemeinen rekombinieren die erzeugten Elektron-Loch-Paare sehr schnell miteinander. Nur im Bereich eines vorhandenen elektrischen Feldes, wie es z. B. das innere Feld eines pn-Überganges (oder auch einer Schottky-Barriere) darstellt, erfolgt eine ausreichende Trennung der Ladungsträger. Liegen in der Nähe des pn-Überganges Kristalldefekte, so kommt es zu lokalen Inhomogenitäten im Rekombinationsverhalten der Ladungsträger. Vorhandene Kristalldefekte können so über diesen durch sie selbst gesteuerten Prozeß abgebildet und hinsichtlich ihrer elektronischen Wirksamkeit abgeschätzt werden. Auf diese Weise kann an einzelnen Kristalldefekten ein Eigenschaftsnachweis (elektronisches Verhalten) geführt werden.

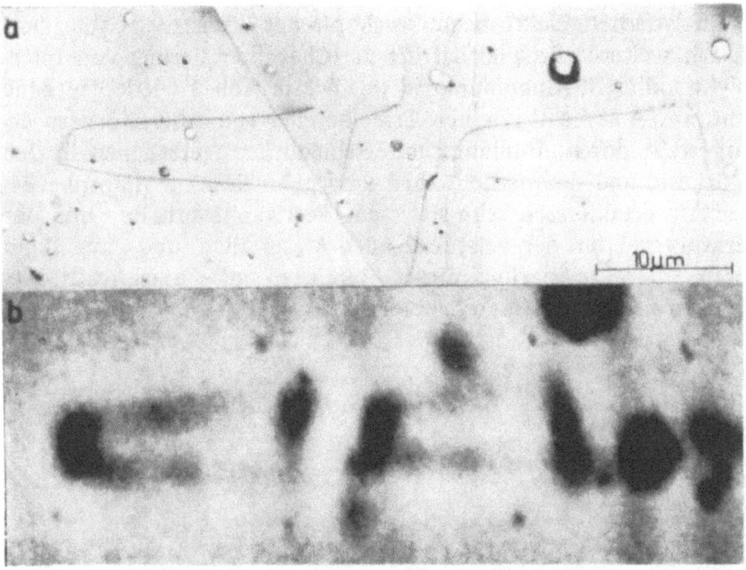

Abb. 1 Diffusionsinduzierte Versetzungen in einem mit Bor dotierten Silicium-Kristall (⟨100⟩-Orientierung). Elektronenmikroskopische Abbildungen des gleichen Objektbereiches: a) Transmissions-Elektronenmikroskopie, b) Rasterelektronenmikroskopie mit elektronenstrahlinduzierten Ladungsträgern (EBIC-Technik)

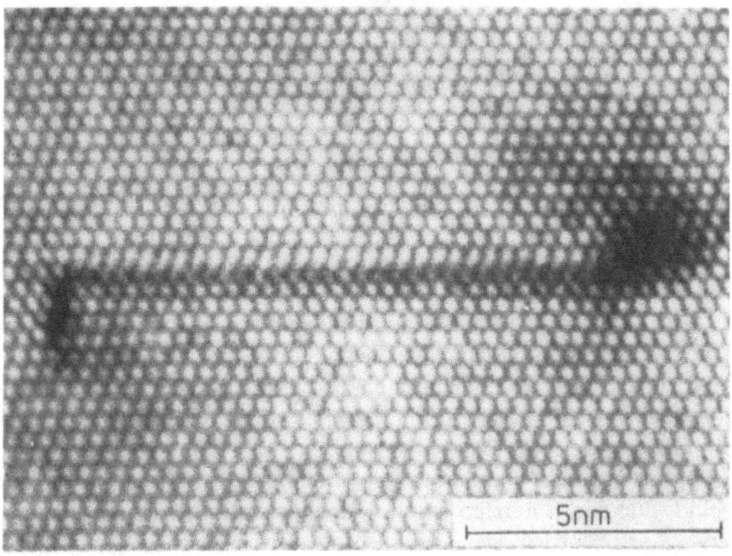

Abb. 2 Hochauflösungs-Abbildung einer dissoziierten 60°-Versetzung in ⟨110⟩-orientiertem Silicium

Einsatz der analytischen Elektronenmikroskopie auf höchstem Niveau notwendig [7]. Ein weiteres Beispiel betrifft die Charakterisierung von Interfaces in polykristallinem Aluminiumoxid [8]. Die in Abb. 3 wiedergegebene Hochauflösungs-Aufnahme läßt einen Tripelbereich von Al_2O_3-Körnern erkennen, dargestellt durch Abbildung unterschiedlicher Netzebenen in den einzelnen Körnern, und dazwischen einen amorphen Bereich. Amorphe Bereiche dieser Art beeinflussen sehr stark das Festigkeitsverhalten und das Hochtemperaturverhalten der entsprechenden Materialien, und man ist an einer näheren Charakterisierung dieser Bereiche, auch hinsichtlich von Fremdstoffverunreinigungen, interessiert.

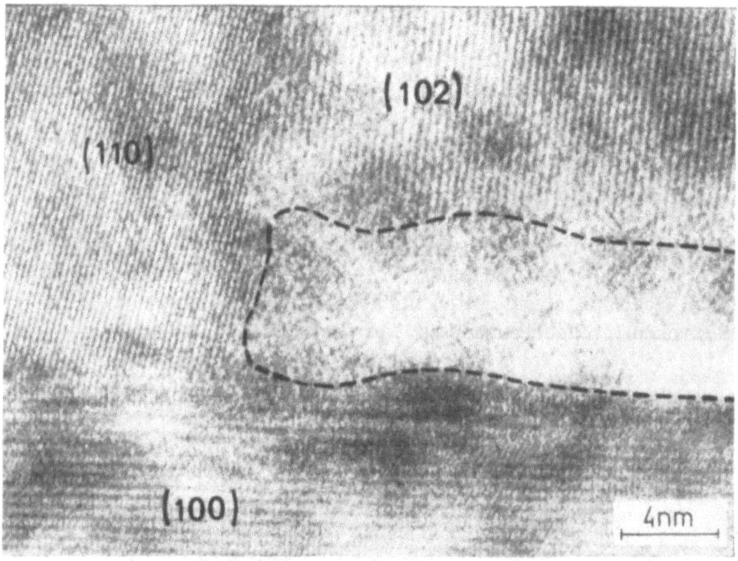

Abb. 3 Amorphe Korngrenzenphase im Grenzbereich zwischen drei unterschiedlich orientierten Körnern einer Al_2O_3-Keramik

Die für die Lösung derartiger Aufgaben eingesetzte analytische Elektronenmikroskopie wird hinsichtlich der zu nutzenden Gerätetechnik mit zwei Grundtypen von Elektronenmikroskopen betrieben. Einerseits wird mit sogenannten dedizierten Raster-Transmissions-Elektronenmikroskopen (dedicated scanning transmission electron microscopes – STEM's) gearbeitet, bei denen für die Erzielung feiner Elektronensonden mit Nanometerabmessungen – wenn möglich mit Subnanometerabmessungen – Feldemissionskatoden einzusetzen sind. Für deren Betrieb ist ein Ultrahochvakuum im Bereich von besser als 10^{-8} Pa erforderlich, was sich auch als günstig für die Vermeidung der Objektverschmutzung während der Untersuchung erweist. Der zweite, häufiger vorhandene und eingesetzte Typ eines Grundgerätes ist das hochauflösende konventionelle Transmissions-Elektronenmikroskop (CTEM) mit starker Objektivlinse – nach Möglichkeit auch mit Feldemissionskatode ausgerüstet –, das einerseits im üblichen Feststrahlbetrieb die Erzielung einer hochauflösenden Abbildung im Auflösungsbereich von 0,2 bis 0,3 nm gestattet und andererseits die Fokussierung einer feinen Elektronensonde in der Objektebene erlaubt. Nach Möglichkeit sollte ein solches Gerät – das ist aber nicht Bedingung – mit einem Rasterzusatz ausgerüstet sein, so daß auch die Betriebsweise des Raster-Durchstrahlungs-Elektronenmikroskops gewährleistet ist. Die wahlweise Realisierung der beiden genannten Strahlengänge ist bei Vorhandensein einer starken Objektivlinse, z. B. der Kondensor-Objektiv-Einfeldlinse, möglich.

Mit Hilfe der so erzeugten feinen Elektronensonde lassen sich Informationen aus Nanometerbereichen erhalten, und zwar – wie bereits angedeutet – durch Mikrobeugung Aussagen über die Gitterstruktur und durch zusätzliche Benutzung von Röntgen- bzw. Elektronenspektrometer-Anordnungen (siehe Abb. 4) Aussagen über die chemische Zusammensetzung (Element-Analyse)

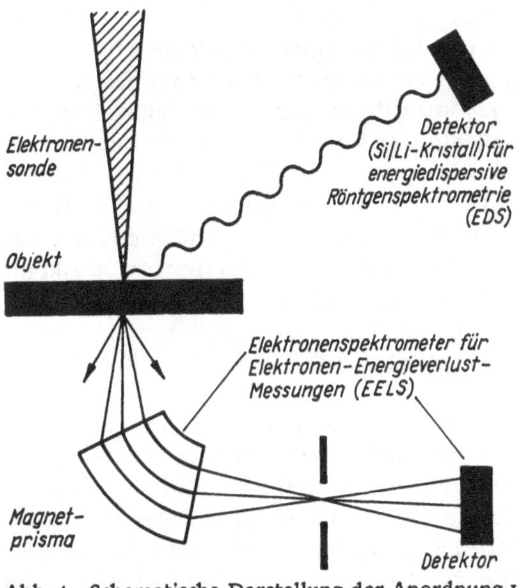

Abb. 4 Schematische Darstellung der Anordnung von Spektrometern in einem analytischen Elektronenmikroskop

dieser Bereiche. Die für den hochauflösenden Abbildungsbetrieb notwendigen geringen Abmessungen der Objektivlinse, d. h. die geringen Polschuhabstände, bedeuten eine sehr starke Einengung des Objektraumes, so daß nur mit sehr geringen Abnahmewinkeln für die ausgelöste Röntgenstrahlung gearbeitet werden kann. Aus diesem und weiteren Gründen wird in der analytischen Elektronenmikroskopie im wesentlichen mit der energiedispersiven Röntgenspektrometrie (EDS) und nicht mit der wellenlängendispersiven (WDS) gearbeitet. Als Elektronenspektrometer werden vorzugsweise Magnetprismen eingesetzt, mit denen eine empfindliche Elektronen-Energieverlust-Analyse (EELS) möglich ist. EDS und EELS ergänzen sich gegenseitig in vorteilhafter Weise, da die erstgenannte Technik für die Analyse mittlerer und schwerer Elemente ($Z > 10$) geeignet ist, die letztgenannte aber ihre besonderen Möglichkeiten bei der Analyse leichter Elemente hat.

Im folgenden werden Einzelaspekte der analytischen Elektronenmikroskopie in folgender Reihenfolge dargestellt: Elementanalyse in Nanometerbereichen: EDS (Abschnitt 2a), Elementanalyse in Nanometerbereichen: EELS (Abschnitt 2b), Gitterstrukturnachweis durch Mikrobeugung (Abschnitt 3), morphologische und strukturelle Charakterisierung durch hochauflösende Abbildung (Abschnitt 4).

2a Elementanalyse in Nanometerbereichen: EDS

Die Grundlage der Elementanalyse mittels Röntgenspektrometrie ist der nach dem Moseleyschen Gesetz gegebene Zusammenhang zwischen der Frequenz (oder der Wellenlänge) der ausgelösten Röntgenstrahlung bzw. der Energie der erzeugten Röntgenquanten und der Ordnungszahl der entsprechenden zu analysierenden Atome (siehe z. B. [9, 10]). In Abb. 5 ist dieser Zusammenhang für die K_α, L_α- und M_α-Linien dargestellt, wobei es wegen der Aufspaltung der Energieniveaus bei den K_α- und L_α-Linien mehrere eng benachbarte (1, 2) gibt. Bei der in der analytischen Elektronenmikroskopie eingesetzten energiedispersiven Röntgenspektrometrie [2, 9, 11] wird üblicherweise der lithiumgedriftete Silicium-Detektor eingesetzt, der auf tiefer Temperatur gehalten wird und dem entsprechende Verstärker und ein Vielkanalanalysator nachgeschaltet sind.

Das Nachweisvermögen für Röntgenstrahlen unterschiedlicher Energien ist, wie die Abb. 6 zeigt, sowohl nach großen wie auch nach kleinen Energien hin — das ist der kritischere Fall — beschränkt [9]. Die obere Grenze ist im wesentlichen durch die Dicke der benutzten Si(Li)-Detektoren gegeben (3 mm, 5 mm), die nicht beliebig gesteigert werden kann. Hinsichtlich der unteren Grenze ist vor allem die Absorption der Röntgenstrahlung im notwendigen Eintrittsfenster des Detektors zu nennen. In der Abbildung angegeben sind die Grenzwerte für Be-Fenster von 25 μm und von 8 μm Dicke, für ein Ultradünnfenster aus einer 100 nm dicken Al-Schicht und für den sogenannten fensterlosen Betrieb, bei dem aber zur Vermeidung der Vergiftung der gekühlten Detektoroberfläche durch Adsorbate insgesamt im Ultrahochvakuum gearbeitet werden muß. Die Darstellung läßt erkennen, daß für den Nachweis von Elementen mit $Z < 11$, bei denen die ausgelösten

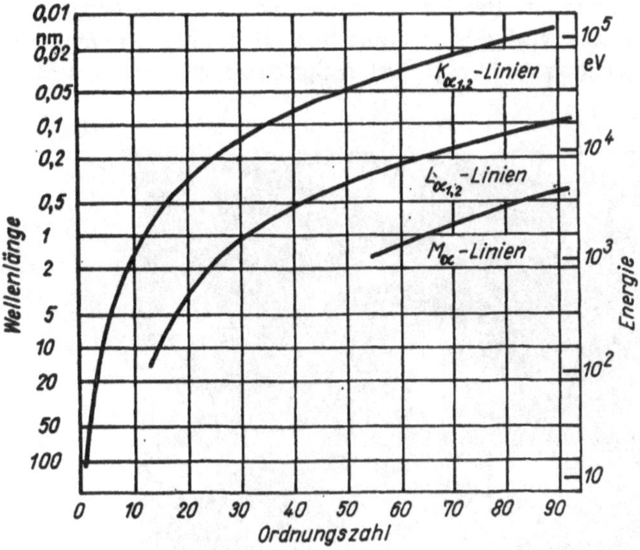

Abb. 5 Abhängigkeit der Wellenlänge bzw. der Energie ausgelöster Röntgenstrahlen von der Ordnungszahl der durch Elektronenstrahlung angeregten Elemente [10]

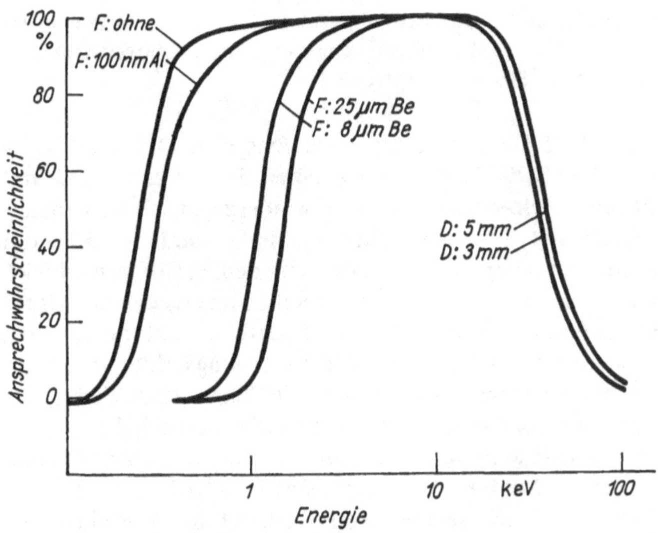

Abb. 6 Ansprechwahrscheinlichkeit von Si(Li)-Detektoren als Funktion der Energie der Röntgenstrahlung für verschiedene Detektordicken (D) und verschiedene Eintrittsfenster (F)

Röntgenstrahlen Energien im Bereich unterhalb von 1 keV besitzen, das Nachweisvermögen relativ gering ist. Gerade hier bietet aber, wie eingangs erwähnt wurde, die Elektronen-Energieverlust-Spektroskopie günstige Möglichkeiten.

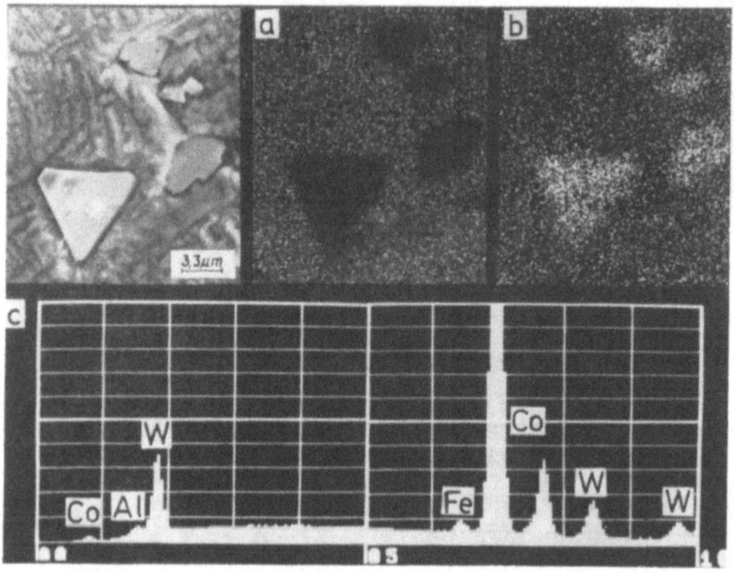

Abb. 7 Hartmetallwerkstoff auf Kobaltbasis (Sintermetall) mit W-Ausscheidungen: a) Co K_α-Bild, b) W L_α-Bild, c) EDS-Spektrum der emittierten Röntgenstrahlung, (oben links: REM-Abbildung mit Sekundärelektronen)

Als Beispiel für die EDS-Untersuchung eines massiven Objektes ist in Abb. 7 das Ergebnis der EDS-Untersuchung eines Sinterwerkstoffes mit Wolframausscheidungen in einer Kobaltmatrix wiedergegeben. Das rasterelektronenmikroskopisch mit Sekundärelektronen aufgenommene Bild der Oberfläche ist oben links zu sehen, und das etwa von dem sichtbaren Objektbereich aufgenommene EDS-Spektrum ist unten wiedergegeben. Unter Nutzung der Co-K_α-Strahlung (a) und der Wolfram-L_α-Strahlung (b) sind durch Bildaufbau nach dem Rasterprinzip die Verteilungsbilder (Element-Mapping) aufgenommen worden, aus denen die Lage und Form der Wolfram-Ausscheidungen (z. B. die dreieckige Figur) klar hervorgeht.

Bei dem Bildbeispiel wurde kein Wert auf eine extreme Mikrobereichsanalyse bezüglich der lateralen Ausdehnung gelegt. Das ist – siehe Abb. 8 links, – beim massiven Objekt auch insofern schwierig, da sich durch Elektronenstreuprozesse – ausgehend von der Auftreffstelle der Elektronensonde – im Material eine sogenannte „Anregungsbirne" ausbildet, in der die für die Mikroanalyse genutzte Röntgenstrahlung erzeugt wird. Diese Anregungs-

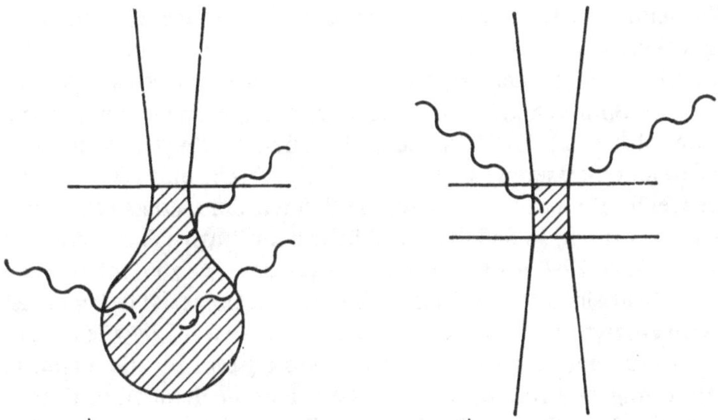

a) b)

Abb. 8 Schematische Darstellung der Bereiche der Röntgenstrahlauslösung: a) massives Objekt, b) dünne Folie

birne ist – abhängig vom Untersuchungsobjekt und der Primärenergie der einfallenden Elektronen – unterschiedlich groß, in jedem Falle aber wesentlich größer als der Einfallsbereich der Primärelektronen. Selbst für eine angenommene Elektronensonde von Nullausdehnung liegt z. B. bei 100 kV-Primärelektronen die Strahlverbreiterung im μ-Bereich. Ganz anders sind die Verhältnisse in der analytischen Elektronenmikroskopie, wo mit dünnen Objekten gearbeitet wird (s. Abb. 8, rechts), damit die Ausbildung der Anregungsbirne eingeschränkt wird und somit der erfaßbare Mikrobereich sehr viel geringer sein kann. Für Sondendurchmesser kleiner als die Objektdicke liegt er bei Primärelektronen im 100-kV-Bereich und bei Objekten mittlerer Ordnungszahl in der Größenordnung der Objektdicke [12]. Bei der Wahl der zu benutzenden Strahlquellen ist davon auszugehen, daß die jeweiligen Elektronensonden eine für eine empfindliche EDS-Meßtechnik ausreichende Stromstärke, z. B. etwa 10^{-9} A, besitzen. Unter dieser Bedingung und bei 100–200 kV Beschleunigungsspannung sind mit der üblichen Wolframglühkatode Sondendurchmesser von etwa 50 nm, mit der LaB_6-Katode von ca. 10 nm und der Feldmissionskatode von etwa 5 nm erzielbar [13].

Die Nachweisempfindlichkeit der EDS-Technik (minimal nachweisbare Masse) ist an eine Mindestimpulszahl gebunden; diese ist durch das Produkt aus Zählrate und Meßzeitdauer gegeben. Die Zählrate selbst hängt von der Masse des zu analysierenden Elements, vom spezifischen Streuquerschnitt, von der Fluoreszenzausbeute, von der Detektorwirksamkeit und von der verfügbaren Strahlintensität ab. Typische Werte für minimal nachweisbare Massen (siehe z. B. [14]) für Z-Werte um 20 sind: 10^{-19} g für die Wolfram-Haarnadel-Katode (Strahlintensität: $j = 5$ A/cm^2), 5 10^{-20} g für die LaB_6-Katode ($j = 10^2$ A/cm^2) und 10^{-20} g für die Feldemissions-Katode ($j =$

10^4 A/cm^2). Zu bemerken ist, daß der minimal nachweisbare Massenanteil, d. h. die Möglichkeit, eine bestimmte Konzentration eines Elements in der Matrix eines anderen Elements nachzuweisen, lediglich bei etwa 1 Masseprozent liegt. Eine Spurenmethode ist die energiedispersive Röntgenspektroskopie bekanntlich nicht. Die Benutzung der dünnen Objekte in der analytischen Elektronenmikroskopie bietet aber den Vorteil, daß Absorptions- und Fluoreszenzerscheinungen wegen der fehlenden Anregungsbirne nicht so stark zu Fehlern führen, so daß die für übliche quantitative Auswertungen in der EDS notwendige ZAF-Korrektur nicht angewandt werden muß. Wenn man die Empfindlichkeitsfaktoren (siehe Cliff und Lorimer [15]) kennt, ist eine quantitative Analyse mit einer Genauigkeit von etwa 5% möglich. Nach Vorschlägen von Williams [16] sollte ein effektives System für die quantitative EDS-Analyse folgende Komponenten haben: eine Feldemissions-Katode (300 kV, Ultrahochvakuum), ein EDS-System mit einem fensterlosen Si(Li)-Detektor (für die leichten Elemente) und einen intrinsischen Germanium-Detektor [IG-Detektor] für die schweren Elemente). Mit einem solchen System sollte eine Nanophasen-Analyse im Bereich von 20 nm mit einer Nachweisempfindlichkeit von 100 µg/g möglich sein.

Als Beispiel für die mit Hilfe der analytischen Elektronenmikroskopie durch Kombination von hochauflösender Abbildung, Mikrobeugung und Röntgenspektroskopie erzielbaren analytischen Informationen über Objektmikrobereiche von einigen nm Ausdehnung (Nanosondentechnik) ist in Abb. 9 das von Kamino et al. [17] erzielte Ergebnis einer Untersuchung von heißgepreßtem Si_3N_4 (mit 8% Y_2O_3) wiedergegeben. Abb. 9a) zeigt die hoch-

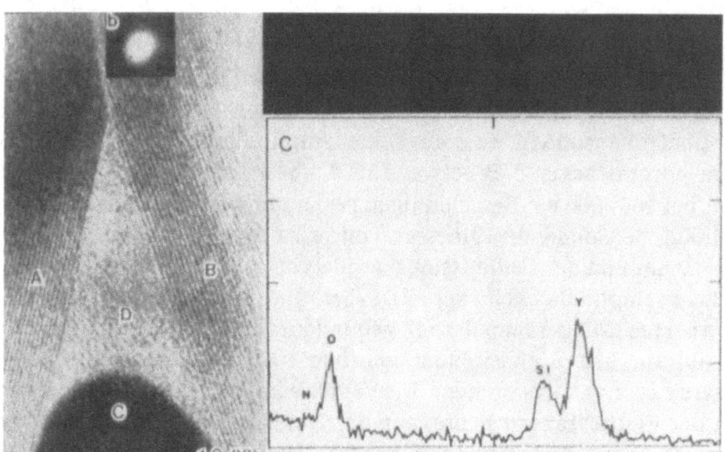

Abb. 9 Heißgepreßtes Si_3N_4 mit Y_2O_3: a) Elektronenmikroskopische Hochauflösungs-Aufnahme, b) Abbildung der Elektronensonde, c) Röntgenspektrum des Bereiches D (Kamino et al. [17])

aufgelöste Netzebenenabbildung, b) die Größe der für die Analyse bzw. für die Mikrobeugung benutzten Elektronensonde. Durch „Nanobeugung" konnten die Bereiche A und B als β-Si_3N_4 identifiziert werden (Netzebenenabstände von 0,659 nm ($10\bar{1}0$-Reflexion). Die Korngrenzenphase D erwies sich als amorph. Die EDS-Untersuchung dieses Bereichs (siehe Abb. 9 c) zeigte hohe Konzentrationen von Y, Si, O und N. Es wird angenommen, daß es sich hierbei um (die extrem feinkristalline Form) der Verbindung $Y_{10}(SiO_4)_6N_2$ handelt.

2b Elementanalyse in Nanometerbereichen: EELS

Beim Durchgang hochenergetischer Elektronen (z. B. im Energiebereich von 100 keV) durch die zu untersuchende Objektfolie treten infolge der durch Wechselwirkung verursachten unelastischen Streueffekte Energieverluste auf, deren Analyse im durchgehenden Elektronenstrahl vielseitige analytische Aussagen über das Objekt gestattet. Abb. 10 zeigt in einem Schema

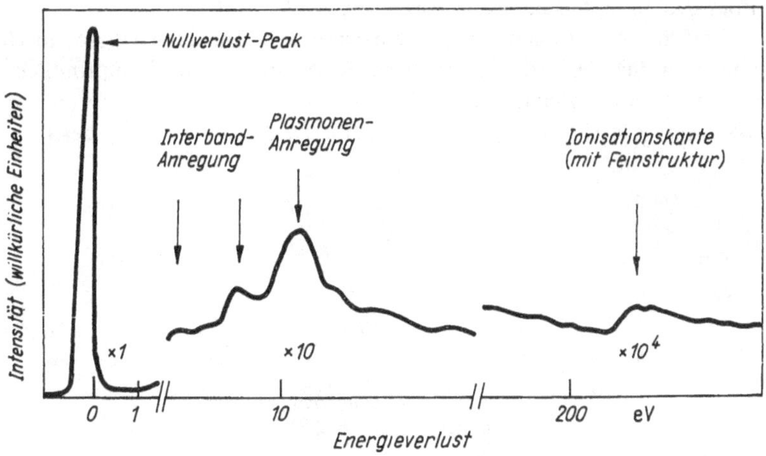

Abb. 10 Elektronen-Energieverlust-Spektrum (schematisch)

eines Elektronen-Energieverlust-Spektrums die wichtigsten wirksamen Wechselwirkungsmechanismen. Elektronen, die ohne Kollision die Objektfolie durchsetzen, oder solche, die durch die Kernladung eines Atoms gestreut werden, erleiden keine Energieverluste. Der Energieverlust, der mit der Phononenstreuung zusammenhängt, ist sehr gering – typisch etwa 0,1 eV oder weniger – so daß diese Verluste nicht in einem Standardinstrument erfaßt werden können. Weiterhin können die einfallenden Elektronen mit den Valenz- und Leitungselektronen des Objektes wechselwirken. Das am besten bekannte Elementarereignis in diesem Zusammenhang ist die Plasmonen-Anregung, die eine kollektive Oszillation der Valenz-Elektronen ist (siehe z. B. [18]). Schließlich können Atome in inneren Schalen der Elektronenhülle angeregt werden; der damit verbundene Ionisationsprozeß ist der für die Materialanalyse wichtigste, da die Ionisierungsenergie eine charakteristische Eigenschaft eines jeden Elements ist (siehe z. B. [19]). Für die Analyse ausgenutzt werden hier die K-Kanten (für die Elemente Li–Si), die L_{23}-Kanten (für die Elemente Al–Sr) und die M_{45}-Kanten (für die Elemente Rb–Os) [20].

Die von der Dicke des Untersuchungsobjekts stark abhängenden Plasmonen-Peaks enthalten zwar auch Informationen über die chemische Zusammensetzung des Objekts; sie sind jedoch nur dann ausgeprägt vorhanden, wenn die zu untersuchende Substanz eine hinreichende Zahl freier, nichtgebundener Elektronen enthält. Als quantitative Technik ist dieses Vorgehen deshalb z. B. vorzugsweise für Al- und Mg-Legierungen angebracht. Es erscheint aber wichtig, daß aus der Verschiebung von Plasmonenpeaks Aussagen über den Bindungszustand eines entsprechenden zu analysierenden Elements zu erhalten sind. Nur angemerkt werden soll, daß die Auswertung von Plasmonenpeaks auch wesentliche Informationen über makroskopische Eigenschaften, z. B. über die dielektrische Funktion, erlaubt [21].

Die im Bereich von einigen 100 eV auftretenden Energieverluste durch Anregung innerer Schalen, die im engeren Sinne für die hochempfindliche Elementanalyse genutzt werden, bewirken im Spektrum das Auftreten von Ionisationskanten, die eine entsprechende Feinstruktur (s. Abb. 11) besitzen.

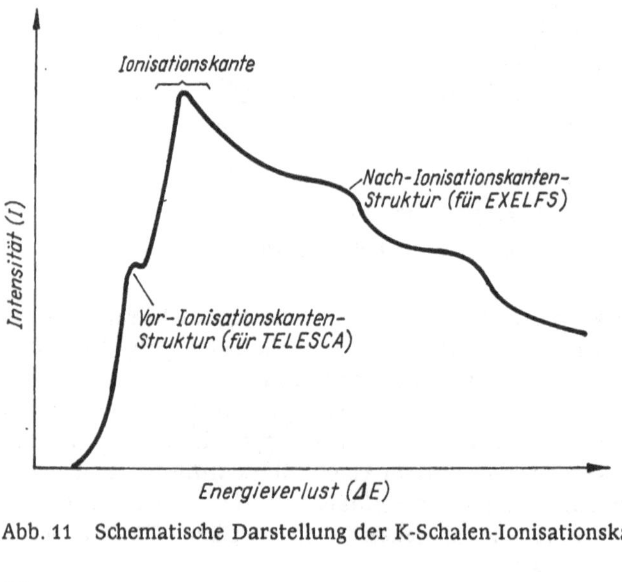

Abb. 11 Schematische Darstellung der K-Schalen-Ionisationskante

In einer Entfernung von etwa 100 eV hinter der Ionisierungskante ergeben sich Oszillationen im Spektrum, die von Interferenzen zwischen der vom ionisierten Atom ausgehenden Elektronenwelle und den an den Nachbaratomen gebeugten Wellen herrühren. Durch geeignete Auswertung dieser Feinstruktur – in Analogie zum Terminus EXAFS in der Röntgentechnik (Extended X-Ray Absorption Fine Structure) wird das Verfahren EXELFS (Extended Electron Energy Loss Fine Structure) genannt – können Anzahl und Abstand von Nachbaratomen bestimmt werden. Die vor der Kante sichtbare Feinstruktur (Oszillation) hängt mit der Besetzungsdichte der Elektronenzustände zusammen. Sie erlaubt Aussagen über die Bandstruktur und den chemischen Bindungszustand. Das entsprechende Analyseverfahren wird als TELESCA (Transmitted Energy Loss Electron Spectroscopy for Chemical Analysis) bezeichnet.

Als Energieanalysatoren in analytischen Elektronenmikroskopen können im Prinzip sowohl elektrostatische wie auch magnetische Energiefilter benutzt werden, z. B. der Möllenstedtsche elektrostatische Energie-Analysator, das Wien-Filter oder verschiedene Typen magnetischer Prismen. Der Nachteil elektrostatischer Filter liegt in der Elektrodenverschmutzung während des Betriebes im konventionellen Vakuum und in der Notwendigkeit entsprechender Hochspannungs-Durchführungen. Magnetische Filter sind einfacher zu konstruieren, und ihre Aberrationen lassen sich meist ohne Schwierigkeiten korrigieren. Vornehmlich aus diesem Grunde werden in der Elektronen-Energieverlust-Spektroskopie vorzugsweise magnetische Prismen [22–26] eingesetzt. Abb. 12 zeigt drei verschiedene magnetische Prismen, und zwar: a) ein einfaches Prisma, b) ein Doppelprisma mit zwischengeschaltetem Elektronenspiegel (nach Castaing-Henry) und c) ein Omega-Filter. Ein

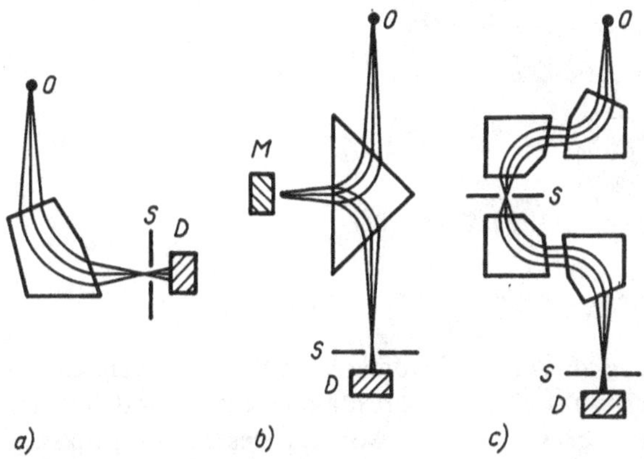

Abb. 12 Magnetische Prismen-Analysatoren für die Elektronen-Energieverlust-Spektroskopie: a) magnetisches Prisma, b) magnetisches Biprisma in Kombination mit einem Elektronenspiegel, c) magnetisches Prismensystem (Omega-Filter)

hinsichtlich seiner Energie zu analysierendes Elektronenbündel mit Ausgangspunkt in der Objektebene O wird in der Bildebene S abgebildet. Der chromatische Fehler des Magnetprismas erzeugt eine Dispersion in der Bildebene S. Mit Hilfe eines dort angeordneten Energieauswahlspaltes und eines Detektors D kann der Elektronenstrom für einen definierten Energieverlust gemessen werden. Die Peaks des Elektronen-Energieverlust-Spektrums werden entweder seriell oder gleichzeitig mit einer photographischen Platte oder mit einer linearen Anordnung von Photodioden gemessen. Die Anordnungen b) und c) werden vorzugsweise dann benutzt, wenn neben der Energieanalyse eine Energiefilter-Elektronenmikroskopie im TEM zu betreiben ist, d. h. wenn die Aufnahme von Abbildungen mit Elektronen definierten Energieverlusts vorgesehen ist.

Magnetprismen, wie die in a) dargestellten, sind die kommerziell üblichen [27]. In Abb. 13 ist ein Eigenbau-Spektrometer dieses Typs [28] wiedergegeben. Die sphärische Aberration wird hier durch Hexapole korrigiert (externe Stigmatoren und gekrümmte Polschuhbegrenzungen). Die Optik vor und nach dem Spektrometer ist so ausgelegt, daß in verschiedenen Moden (Energieanalyse, Aufnahme von energiegefilterten Abbildungen) gearbeitet werden kann.

Abb. 13 Ansicht eines Elektronen-Energieverlust-Spektrometers

Bezüglich der Anwendung dieses Spektrometers soll im folgenden ein Beispiel aus einer Untersuchungsreihe von hochtemperaturbehandelten Cz-Si-Kristallen gegeben werden, in welchen sich während des Temperprozesses Ausscheidungen bilden. In Abb. 14 a (links) ist das STEM-Hellfeld-Bild eines solchen Objektes wiedergegeben, und der eingezeichnete Pfeil deutet auf eine Ausscheidung (an der Kante der Probe) hin, von welcher das rechts dar-

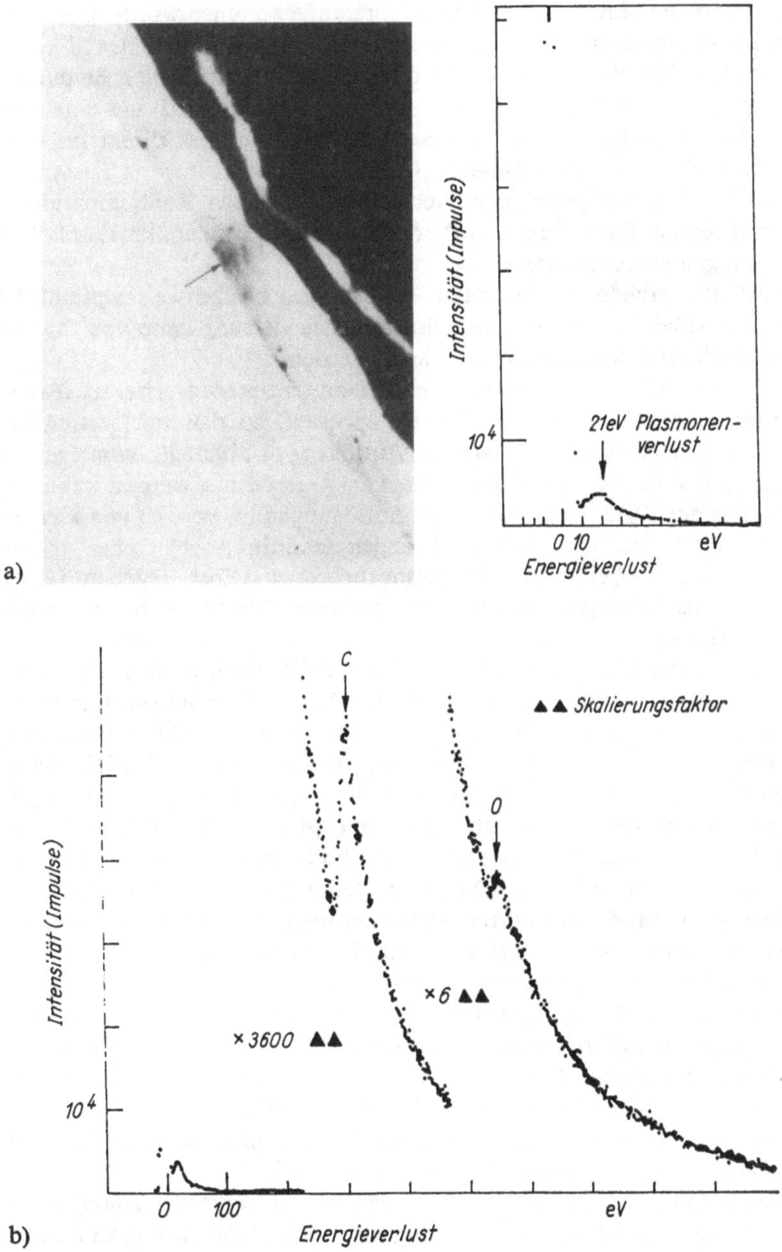

Abb. 14 Elektronen-Energieverlust-Spektrum von Czochralski-Silicium: a) Rasterdurchstrahlungs-Abbildung und Plasmonenspektrum, b) Spektrum mit der Sauerstoff-K-Schalen-Ionisationskante

gestellte Elektronen-Energieverlust-Spektrum aufgenommen wurde. Das Auftreten eines Plasmonenpeaks bei 21 eV anstelle von 17 eV für reines Silicium ist gut sichtbar. Die Peakverschiebung deutet auf einen speziellen Bindungszustand des Siliciums hin, so daß anzunehmen ist, daß es sich um eine Siliciumoxid-Ausscheidung handelt. Der Sauerstoff wurde auch direkt im Verlustspektrum der K-Schalenanregung (Abb. 14 b) nachgewiesen. Zusätzlich wurde Kohlenstoff analysiert, der aber offensichtlich auf Kontaminationen zurückzuführen ist, die während vorhergehender elektronenmikroskopischer Untersuchungen erzeugt wurden.

Bezüglich der erzielbaren lateralen Auflösung, der Nachweisempfindlichkeit und der Möglichkeiten der quantitativen Auswertung kann von folgenden Besonderheiten der EELS ausgegangen werden:

– Die für die EDS diskutierten Elektronenverbreiterungseffekte (Anregungsbirne) sind bei der EELS nicht wirksam, so daß mit wesentlich günstigeren Werten für die laterale Auflösung – abhängig vom Durchmesser der verwendeten Elektronensonde – gerechnet werden kann. In der Praxis der EELS werden laterale Auflösungen im Bereich von kleiner 10 nm erzielt. Die erreichbaren Grenzen sind im wesentlichen durch Delokalisierungseffekte der Ionisationsprozesse selbst gegeben (etwa 5 nm für niederenergetische Verluste, geringere Werte für höherenergetische Verluste).
– Während in der EDS nur ein kleiner Teil der (in einen großen Winkelbereich) emittierten Röntgenstrahlen für die Messung erfaßt wird, können in der EELS wegen der auftretenden geringen Streuwinkel nahezu alle Elektronen erfaßt werden, so daß insgesamt ein sehr viel effektiverer Nachweis möglich ist. Es kann hier mit einer Quantenausbeute von 1 gerechnet werden (jedes ionisierte Atom erzeugt ein Verlustelektron), und auch die Detektionseffektivität kann sehr hoch angesetzt werden (größer 0,5). Obwohl in der EELS damit eine um Zehnerpotenzen höhere Zählrate vorliegt, geht von diesem Vorteil wegen der meist genutzten sequentiellen Aufnahmetechnik wieder viel verloren. Trotzdem liegen die Nachweisempfindlichkeiten – grob gesagt – um etwa eine Größenordnung günstiger als in der EDS. Als extremes Beispiel wird von Colliex und Trebbia [29] angegeben, daß mit einer Feldemissionssonde von 0,5 nm Durchmesser (Beschl.spannung: 100 kV) bei $j = 10^5\,A/cm^2$ an einem 4 nm dicken Objekt die Größenordnung von 10^{-21} g (d. h. weniger als 100 Atome) als Nachweisgrenze erzielt worden ist. Bezüglich des minimal nachweisbaren Masseanteils liegt die Grenze zwischen 1 und 10%.
– Für die quantitative Analyse – zumindest für die K-Schalen-Anregung – ist es möglich, eine einfache Beziehung für die Zahl der Atome zu finden, die zur K-Kante beitragen (Egerton [30]). Voraussetzung dafür ist, daß die Intensität der K-Kante, die Intensität des Nullverlust-Peaks und der partielle Wirkungsquerschnitt für die K-Schalen-Anregung bekannt sind.

Im allgemeinen beträgt die Genauigkeit der quantitativen EELS-Analyse etwa ± 20%.

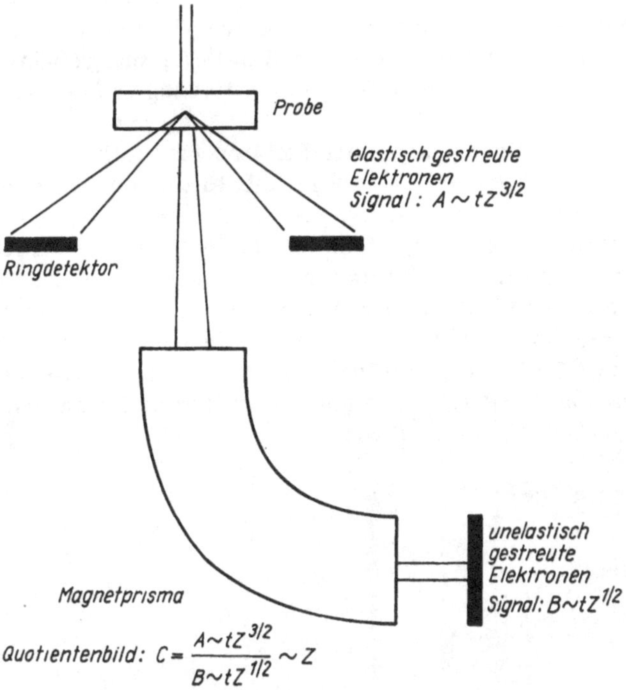

Abb. 15 Schematische Darstellung der Z-Kontrast-Methode (nach A. V. Crewe [31])

In bezug auf die Anwendung energiegefilterter elektronenmikroskopischer Aufnahmen sei auf die Z-Kontrasttechnik (Abb. 15) [31, 32] verwiesen, die häufig auch im biologisch-medizinischen Bereich zur Untersuchung unkontrastierter Objekte eingesetzt wird. Gearbeitet wird dabei mit einer Anordnung, in der von einem Ringdetektor das Dunkelfeldsignal (A) elastisch gestreuter Elektronen abgenommen werden kann, das proportional zum Produkt $t\,Z^{3/2}$ ist (t – Objektdicke, Z – Ordnungszahl). Andererseits werden mit Hilfe eines nachgeschalteten Spektrometers (Magnetprisma) die elastisch gestreuten Elektronen (mit kleinen Streuwinkeln) ausgefiltert, so daß auf einem Detektor ein Hellfeldsignal mit nur unelastisch gestreuten Elektronen (B) registriert werden kann, das proportional zum Produkt $t\,Z^{1/2}$ ist. Das Quotientenbild $C = A/B$ ist wegen $t\,Z^{3/2} / t\,Z^{1/2} = Z$ proportional zur Ordnungszahl Z, so daß damit eine günstige Methode zur Darstellung des Materialkontrastes gegeben ist.

Als künftiger Trend wird eingeschätzt [33, 34], daß bei einer Energieauflösung von 0,25 eV eine Nachweisempfindlichkeit von 10 µg/g (für spezielle Fälle noch besser) erzielt werden kann. Der erfaßbare Mikrobereich von wenigen Nanometern ist im Hinblick auf die hochentwickelte Technik der Erzeugung von Elektronensonden im Bereich von wenigen 0,1 nm im wesentlichen durch den delokalen Charakter des unelastischen Wechselwirkungsprozesses gegeben. Der Fortschritt in der quantitativen EELS-Analyse hängt von einer besseren Kenntnis der Prozesse der Vielfachstreuung und der partiellen Streuquerschnitte ab.

Als Beispiel für die Nutzung von analytischen Elektronenmikroskopen der „Mittelspannungs"-Kategorie (300–400 kV) soll in Abb. 16 ein von Bando et al. [35] erzieltes Untersuchungsergebnis an einem Aluminium-Oxynitrid-Polytyp dargestellt werden. Gegenübergestellt sind die hochaufgelöste Kristallgitterabbildung in a), das EDS-Spektrum für die Elemente Al, N und O in b) und das EELS-Spektrum für die gleichen Elemente in c), aufgenommen von dem in a) sichtbaren Objektbereich. Die HREM-Aufnahme und parallel dazu gefertigte SAD- und CBD-Beugungsaufnahmen ergaben einen 12H-Polytyp. Aus der Kombination der Resultate konnte die chemische Zusammensetzung des Polytyps zu $Al_6O_3N_4$ bestimmt werden.

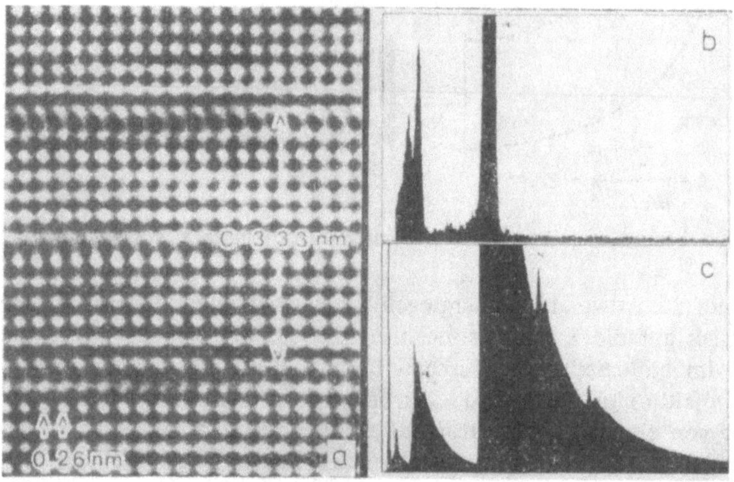

Abb. 16 Aluminium-Oxynitrid-Polytyp: a) Strukturabbildung, b) EDS-Spektrum, c) EELS-Spektrum (Bando et al. [35])

3 Gitterstrukturnachweis durch Mikrobeugung

Die in Ergänzung zur elektronenmikroskopischen Abbildung in der konventionellen Transmissions-Elektronenmikroskopie vorwiegend eingesetzte Beugungsmethode ist die von Boersch [36] und Le Poole [37], bei der mit

Hilfe einer Selektorblende in der Bildebene des Objektivs der für die Beugungsanalyse interessierende Objektbereich ausgewählt wird. Verursacht durch den Öffnungsfehler der Objektivlinse und durch Unsicherheiten in der Fokussierung ergibt sich dabei ein Fehler in der Bereichszuordnung von etwa 0,5 μm. Es erscheint deshalb nicht sinnvoll, Feinbereichsbeugungsdiagramme von Bereichen kleiner als 0,5 μm aufzunehmen. Als zusätzliche Schwierigkeit ist zu berücksichtigen, daß die notwendigerweise sehr kleinen Selektorblenden in der Größe von wenigen μm (man hat in der Selektorblendenebene ja bereits ein etwa 10–15fach vergrößertes Bild) sehr schnell verschmutzen und Anlaß zu weiteren Störeffekten geben.

In der Mikrobeugung ist man daran interessiert, Beugungsdiagramme von Objektfeinbereichen geringster Ausdehnung – bis herunter in den Nanometerbereich – zu erzielen, und es hat sich eingebürgert, den Term „Mikrobeugung" für alle Beugungsmethoden zu benutzen, die in der Bereichszuordnung besser als 0,5 μm sind. Ein erster Schritt in dieser Richtung wurde von Riecke [38] unternommen, der durch Nutzung einer starken Objektivlinse, einer sogenannten Kondensor-Objektiv-Einfeldlinse, und durch Einfügung einer geeigneten Blende im 2. Kondensor eine neue, als Feinstrahlbeugung bezeichnete Methode vorschlug. Bei diesem Strahlengang wird nur der interessierende Objektbereich bestrahlt, so daß es nicht zu Fehlinformationen aus Nachbarbereichen kommen kann. Die Größe des in diesem Fall mit einem Parallelbündel (Apertur etwa 10^{-4}) bestrahlten Bereiches hängt von der Kondensorblendengröße ab. Beugungbilder von Bereichen von einigen 50–100 nm ⌀ sind auf diese Weise erzielbar. – Als weitere Mikrobeugungstechnik wurde von Van Oostrum [39] und von Geiss [40] das Arbeiten mit richtungsmodulierten Elektronenstrahlen vorgeschlagen, im angelsächsischen als „rocking beam"-Technik bezeichnet. Dabei wird der einfallende Strahl über den gesamten interessierenden Winkelbereich der Beugung durch entsprechende Ablenkelemente richtungsmoduliert. Auf dem unterhalb der Probe im Bereich der optischen Achse angeordneten Detektor wird bei geeigneter Richtung des einfallenden Strahls die Beugungsintensität registriert. Durch Nutzung dieser Signale läßt sich auf dem Schirm einer Katodenstrahlröhre sequentiell das Beugungsbild erzeugen. Auch bei dieser Methode wird mit einem feinen Parallelstrahl gearbeitet. Beugungsbilder von Mikrobereichen von etwa 10 nm ⌀ – in günstigen Fällen einige nm – sind auf diese Weise erzielbar. Beim Einsatz extrem fein fokussierter Elektronensonden aus Feldemissionskatoden ist eine Nanometerbeugung möglich, mit der im Extremfall Objektbereiche von nur einigen 0,1 nm Ausdehnung erfaßt werden können, d. h. es werden Beugungseffekte von einzelnen Elementarzellen erhalten (Cowley und Roy [41]).

Als wichtigste Methode der Mikrobeugung hat sich im letzten Jahrzehnt die Beugung im konvergenten Bündel – CBD: convergent beam diffraction – erwiesen, die dank der eingangs erwähnten günstigen Möglichkeiten der

Erzeugung feiner Elektronensonden heute in weiten Bereichen einsetzbar ist und weitere Vorteile – verglichen mit den Methoden der Feinstrahlbeugung und der Rocking-Beam-Technik – hat. Als Mikrobeugung im engeren Sinne wird heutzutage die Beugung im konvergenten Bündel gemeint. Ihre Einsatzbreite ist in den letzten Jahren rapide angestiegen, und sie gewinnt weiter an Bedeutung. Ursprünglich wurde die Beugung im konvergenten Bündel bereits 1939 von Kossel und Möllenstedt [42] vorgeschlagen. Im Zusammenhang mit der Verfügbarkeit moderner elektronenoptischer Komponenten für die Erzeugung extrem feiner Elektronensonden wurde die Methode weiterentwickelt (Steeds [43]).

Die Beugungsdiagramme, die durch die Wechselwirkung einer Elektronensonde mit dem Objekt erzeugt werden, sind durch die Bestrahlungsapertur α_s (im Verhältnis zur Größe des Beugungswinkels ϑ_B) charakterisiert. Der Typ der Beugungsdiagramme ändert sich mit wachsender Bestrahlungsapertur α_s von einem Punktdiagramm ($\alpha_s \ll \vartheta_B$) über ein Diagramm der konvergenten Beugung (CBD pattern) mit einer Anordnung von räumlich getrennten Beugungsscheibchen (Abb. 17), das sogenannte Kossel-Möllenstedt-Diagramm ($\alpha_s < \vartheta_B$), zu einer Kossel-Figur ($\alpha_s > \vartheta_B$), in der sich die Beugungsscheibchen überlagern. Aus der großen Zahl von CBD-Untersuchungstechniken soll im folgenden nur der Fall der Kossel-Möllenstedt-Diagramme in bezug auf die daraus ableitbaren Informationen besprochen werden.

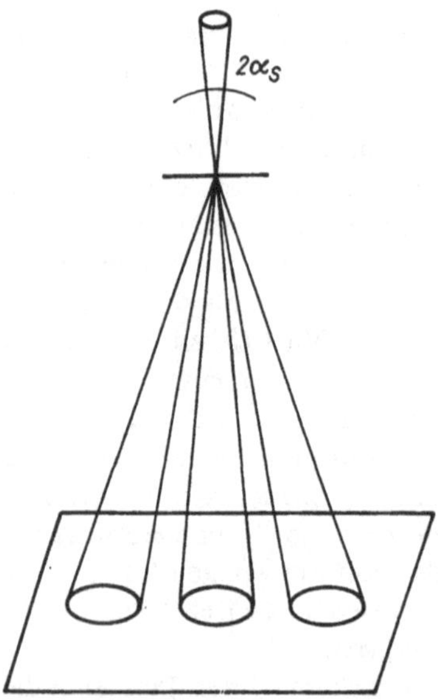

Abb. 17 Strahlengang für die Beugung von konvergenten Elektronenbündeln (Kossel-Möllenstedt-Diagramm)

Der wesentliche Vorteil der Beugung im konvergenten Bündel gegenüber der konventionellen Elektronenbeugungstechnik liegt in der Tatsache, daß Beugungseffekte, die Laue-Zonen höherer Ordnung zuzuordnen sind, erfaßt werden können und so kristallographische Informationen aus der 3. Dimension, d. h. in Richtung des analysierenden Elektronenstrahls, erzielbar sind.

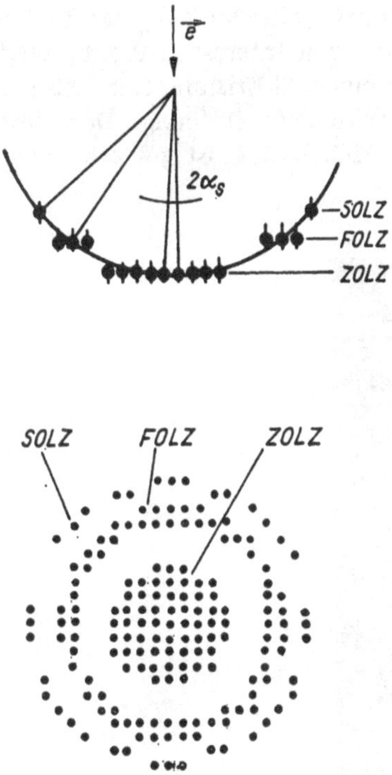

Abb. 18 Prinzip der Elektronenbeugung konvergenter Bündel (Details: siehe Text)

Laue-Zonen höherer Ordnung (HOLZ's: high-order Laue zones) sind reziproke Gitterebenen (s. Abb. 18) oberhalb der Laue-Zone nullter Ordnung (ZOLZ: zero-order Laue zone). Eingezeichnet sind nur die Laue-Zonen erster Ordnung (FOLZ: first-order Laue-Zone) und zweiter Ordnung (SOLZ: second-order Laue zone). Nach der Ewaldschen Konstruktion ergeben sich Beugungsintensitäten nur dort, wo entsprechende reziproke Gitterpunkte von der Ewaldschen Kugel geschnitten werden. Wegen der relativ großen Streuwinkel für HOLZ-Reflexe, werden diese in der konventionellen Beugungstechnik, bei der mit einem einfallenden Parallelstrahl gearbeitet wird, kaum angeregt. Es erscheinen nur Reflexe der Laue-Zone 0. Ordnung. Anders ist es bei Einstrahlung mit einem konvergenten Elektronenbündel. Durch die Bestrahlungsapertur α_s gibt es einen gewissen Winkelbereich für die einfallende Strahlung, so daß auch HOLZ-Reflexionen angeregt werden können, deren Beugungsvektoren eine Komponente in der Strahlrichtung (genau antiparallel dazu) haben. Die auf diese Weise erzielbare Beugungsfigur bestehend aus ZOLZ-, FOLZ- und SOLZ-Reflexen, ist in der Abbildung schematisch wiedergegeben. Wie man sieht, sind die FOLZ- und SOLZ-Reflexe näherungsweise jeweils auf einem Ring angeordnet. Für die Erzielung dreidimensionaler kristallographischer Informationen ist die Messung der Radien der Ringe der FOLZ- oder der SOLZ-Maxima von Interesse. Abb. 19 zeigt eine entsprechende Beugungsaufnahme für einen Si-Kristall. Gut sichtbar sind die Beugungsscheibchen der Laue-Zone nullter Ordnung. Der Ring der Reflexe der Laue Zone 1. Ordnung, der HOLZ-Ring, ist gut erkennbar und läßt sich vermessen.

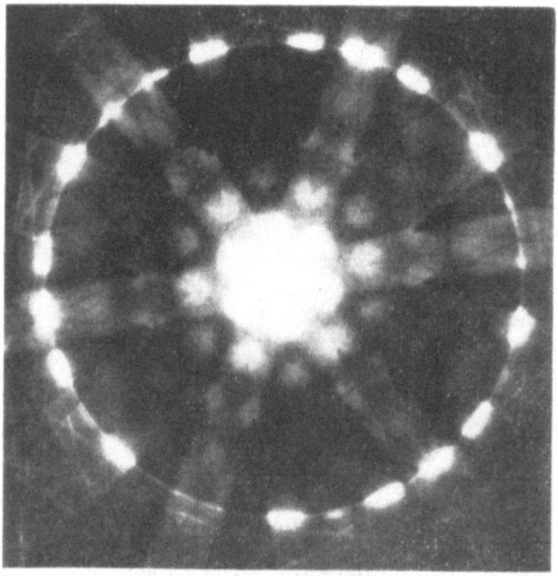

Abb. 19 CBD-Diagramm eines ⟨111⟩-orientierten Silicium-Kristalls (Zonen-Achsen-Diagramm)

Eine weitere wesentliche Informationsquelle aus CBD-Beugungsdiagrammen ist das Auftreten linienhafter Strukturen in den einzelnen Beugungsscheibchen. In der konventionellen Elektronenbeugung treten als Folge unelastischer Streuprozesse im Kristall Kikuchi-Linien auf. Es werden dabei Elektronen erzeugt, die sich in einem relativ weiten Winkelbereich bewegen und so bei geeignetem Auftreffen an Netzebenen gebeugt werden können. Unter den Bedingungen der Beugung im konvergenten Bündel treten Kikuchi-Linien auf, ohne daß unelastische Streuprozesse stattgefunden haben müssen; denn solange der Bestrahlungswinkel hinreichend groß ist, finden die einfallenden Elektronen immer beugende Ebenen. In der CBD-Technik werden also Kikuchi-Linien bereits von dünnen Objekten erzielt, während in der konventionellen Beugung hinreichend dicke Objekte vorhanden sein müssen, damit unelastische Streuprozesse auftreten können. Störende Effekte für Kikuchi-Linien, wie Verzerrungen, Verbiegungen, Anwesenheit von Kristalldefekten, sind in der CBD-Technik ebenfalls geringer als in der konventionellen, da nur sehr kleine Objektbereiche bestrahlt werden, so daß man sich entsprechend perfekte Kristallbereiche aussuchen kann.

Die übliche Betrachtung von Kikuchi-Linien, aus denen z. B. Rückschlüsse auf die Kristallorientierung gezogen werden können, bezieht sich auf solche, die in der nullten Laue-Zone entstehen. Es ergeben sich aber auch Kikuchi-Linien durch unelastische Streuung an den Netzebenen der Laue-Zonen höherer Ordnung, die außerhalb der Beugungsmaxima vorhanden sind. Zusammen mit diesen erscheinen aber innerhalb der Beugungsmaxima die sogenannten HOLZ-Linien, die als Folge elastischer Wechselwirkungen an Netzebenen der Laue-Zonen höherer Ordnung entstehen. Diese sind das Elektronenbeugungsanalogon zu den Kossel-Linien in der Röntgenbeugung. Obgleich die HOLZ-Linien – ähnlich wie die Kikuchi-Linien – in Paaren von Überschuß- und Defektlinien entstehen, wird in der Praxis nur die Verteilung der Defektlinien innerhalb des Beugungsscheibchens der nullten Ordnung (zentrales Beugungsscheibchen) beobachtet. Die Beziehungen zwischen den Ki-

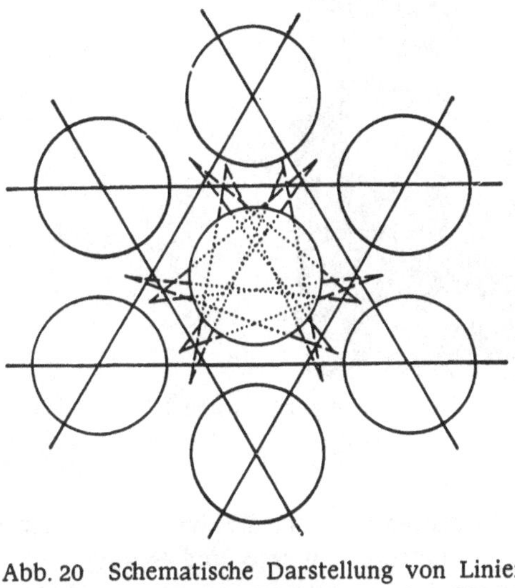

Abb. 20 Schematische Darstellung von Linienstrukturen in der Elektronenbeugung mit konvergenten Bündeln (CBD-Technik): Kikuchi-Linien (unelastische Streuung) – durchgezogene Linien; HOLZ-Linien (elastische Streuung) – gestrichelte Linie; HOLZ-Kikuchi-Linien (unelastische Streuung) – punktierte Linien (nach D. B. Williams [2])

kuchi- und den HOLZ-Linien sind nach Williams [44] in Abb. 20 dargestellt, die die ⟨111⟩-Orientierung eines kubisch-flächenzentrierten Gitters betrifft. Die Kikuchi-Linien von den Beugungserscheinungen in der nullten Laue-Zone bilden das bekannte (sternförmige) Liniensystem. Jede einzelne Linie (dick gezeichnet) steht senkrecht zum g-Vektor zwischen dem Nullreflex und dem jeweils zugeordneten ZOLZ-Maximum und halbiert diesen. Innerhalb des Nullscheibchens ergeben sich (gestrichelt dargestellt) die von Beugungserscheinungen mit Reflexen höherer Laue-Zonen dargestellten HOLZ-Linien, die nur die Folge elastischer Streuprozesse sind. Diese HOLZ-Linien sind kontinuierlich mit den HOLZ-Kikuchi-Linien (unelastische Streuung) außerhalb des Nullscheibchens (punktiert dargestellt). In Abb. 21 sind am Beispiel einer Zonen-Achsen-Figur (ZAP) von ⟨111⟩-Si die HOLZ-Linien im Nullreflex gut sichtbar.

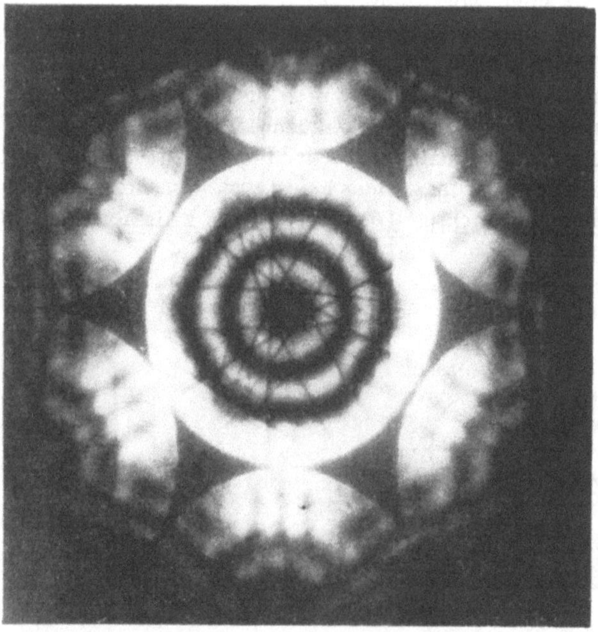

Abb. 21 HOLZ-Linien-Anordnung im primären Beugungsscheibchen (⟨111⟩-Silicium-Zonenachsen-Diagramm) [57]

Die Holz-Linien, die die komplette Information über die Kristallsymmetrie enthalten, sind sehr empfindlich gegen Gitterparameter- und Symmetrieänderungen (aber auch gegen Änderungen der Beschleunigungsspannung). Ihre Analyse ist das wichtigste Instrumentarium der Beugung im konvergenten Bündel [45, 46]. Üblicherweise werden für die Analyse – ausgehend von entsprechenden Modellvorstellungen – HOLZ-Diagramme durch Computersimulationen berechnet und mit experimentell erzielten verglichen.

Als Beispiel für die Erfassung von Legierungsbeimengungen in Werkstoffen ist in Abb. 22 nach neueren Untersuchungen von Wang et al. [47], die HOLZ-Linien-Anordnung für ein reines Al-Objekt (bei 120 kV) und für eine Al-5,8% Zn-2,5% Mg-1,6% Cu-Legierung wiedergegeben. Der Vergleich der beiden HOLZ-Linien-Anordnungen mit entsprechend ausgeführten Computersimulationen mit (a = 0,450 nm für reines Al) erlaubt dann eine Übereinstimmung, wenn für die Legierung die folgenden Parameter zugrunde gelegt werden: a = c = 0,459 nm und b = 0,4064 nm, d. h. die Legierung ist in ihrer Struktur nicht mehr kubisch, und das Gitter ist entsprechend aufgeweitet. Die Unterschiede im Bereich der beiden HOLZ-Linien-Anordnungen sind insbesondere an Verschiebungen an den durch Pfeile markierten Stellen zu erkennen.

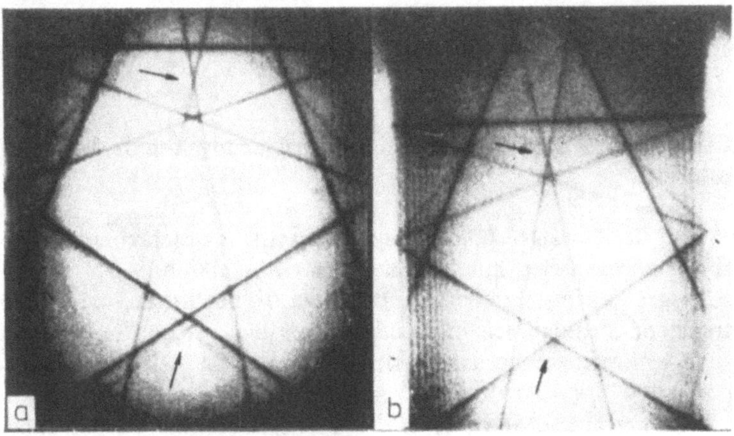

Abb. 22 HOLZ-Linien-Diagramm (bei 120 kV): a) für reines Aluminium, b) für eine Al-Zn-Mg-Cu-Legierung (R. Wang et al. [47])

Allgemein erlaubt die HOLZ-Figur im zentralen Beugungsscheibchen Änderungen der Gitterkonstanten (mit einer Genauigkeit bis $5\,10^{-4}$ nm) [48], damit zusammenhängend Verzerrungen [49] und Änderungen der chemischen Zusammensetzung bis hin zur Wirkung von Kristallbaufehlern [50–53], zu beobachten. Schließlich – darauf kann nur noch kurz eingegangen werden, für den Kristallographen aber äußerst wichtig – kann aus der Symmetrie der HOLZ-Figuren die Bestimmung von Punktgruppen und von Raumgruppen kristalliner Materialien durchgeführt werden [54]. Grob skizziert, ergibt sich dabei folgende Vorgehensweise: Zunächst wird aus der Symmetrie von Beugungsdiagrammen (einschl. der HOLZ-Linien-Anordnung) auf die möglichen Punktgruppen geschlossen, wobei existierende tabellarische Darstellungen von Buxton et al. [55] hilfreich sind. Dann wird aus dem Durchmesser der HOLZ-Ringe der Kristallabstand in Strahlrichtung und damit das Kristallsystem ermittelt. Schließlich wird das Auftreten von Doppelbeugungseffekten ausgenutzt, um die Raumgruppe zu bestimmen. Dazu werden Nullintensitäts-Linien (Gjønnes-Moodie-Linien [56]) in verbotenen Reflexionen ausgewertet, die durch dynamische Effekte entstehen, wodurch auf die Anwesenheit gewisser Symmetrieelemente geschlossen werden kann.

Insgesamt kann die Methode der Beugung im konvergenten Bündel wegen ihrer hohen räumlichen Auflösung im Nanometerbereich und wegen ihrer Möglichkeit der Erfassung der dreidimensionalen Kristallstruktur (3D-Symmetrie-Informationen) als besonders nützlich und der im räumlichen Auflösungsbereich von etwa 0,5 μm arbeitenden Feinbereichsbeugung als überlegen angesehen werden. Noch einmal soll besonders betont werden, daß aus dem weiten Gebiet der Beugung im konvergenten Bündel nur wenige Methoden behandelt werden konnten, insbesondere nicht von Tanaka vorgeschlagene Techniken [57]. Zu nennen wäre noch die Hohlkegel-Technik [58] und CBD mit großen Strahlwinkeln (LACBED) [59].

4 Morphologische und strukturelle Charakterisierung durch hochauflösende Abbildung

Der hohe Stand der Gerätetechnik in der Transmissions-Elektronenmikroskopie erlaubt es gegenwärtig, mit Routine-Geräten im 100- bzw. 200-kV-Bereich Auflösungsgrenzen zu erzielen, die bei etwa 0,3 nm liegen, sofern die Objekte hinreichend strahlenresistent sind. Mittels einer neuen Generation mechanisch und elektronisch hochstabilisierter Geräte mit Beschleunigungsspannungen von 300 bzw. 400 kV ist sogar möglich, Details mit einem Abstand von nur 0,2 nm aufzulösen [60, 61]. Was das kristalline Objekt anbetrifft, so ist man damit bis in den atomaren Bereich vorgestoßen, und die in der hochauflösenden Abbildung erzielbaren Informationen betreffen die Morphologie und die Gitterstruktur von Festkörpern gleichermaßen. Da die Elementzusammensetzung in Mikrobereichen in engem Zusammenhang mit der Gitterstruktur steht, sind – in günstig gelagerten Fällen – aus Hochauflösungs-Abbildungen auch indirekte oder direkte Hinweise auf die chemische Zusammensetzung in Nanometer-Objektbereichen möglich. Je nach Objektspezifik und gewählten Abbildungsbedingungen können verschiedene Typen von Hochauflösungs-Abbildungen erzeugt werden (Netzebenen-Abbildung, Vielstrahl-Kristallgitter-Abbildung) [62–64].

Im folgenden sollen einige Beispiele zur Netzebenenabbildung und zur Hell- und Dunkelfeld-Kristallgitterabbildung gegeben werden: Abb. 23 zeigt Si-Plättchen in einer Al–Si(1%)-Matrix [65] nach entsprechender Wärmebehandlung (550 °C/2 h, 230 °C/3 h) in a) in einer Beugungskontrast-Über-

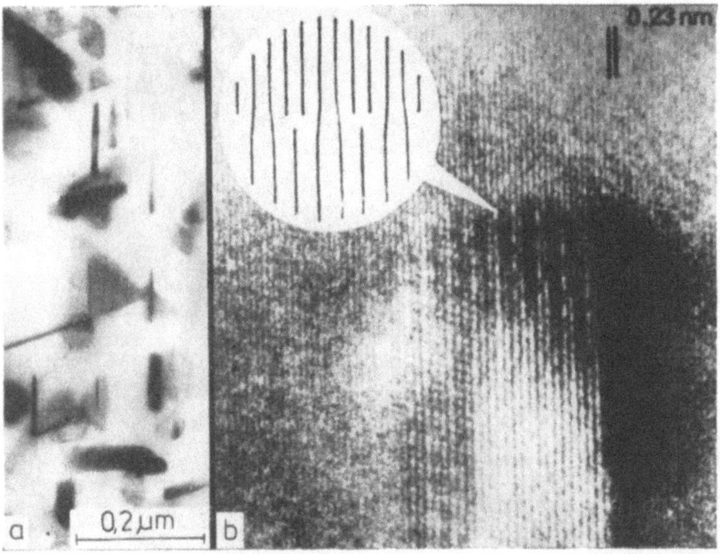

Abb. 23 Plättchenförmige Silicium-Ausscheidungen in Al-(1Gew.%)Si a) Übersichtsabbildung (EM-Beugungskontrast), b) EM-Hochauflösungs-Aufnahme

sichtsabbildung und in b) in der Netzebenenabbildung (Foliennormale: ‹110›). In der Beugungskontrast-Abbildung sind Si-Plättchen verschiedener Größe (0,05–1 µm) auf $\{111\}$-Matrixebenen zu erkennen. Die Beugungsanalyse erbrachte folgende Relationen zwischen Si- und Matrix-Gitter: [100] $(001)_{Si}$// [100] $(001)_{Al}$. In Übereinstimmung mit dem Verhältnis der Gitterparameter ist entsprechend der Netzebenenabbildung der Schmalseite eines Siliciumplättchens der Grenzbereich durch eine reguläre Anordnung von Fehlpassungsversetzungen (Misfit-Versetzungen) charakterisiert. Es stoßen immer drei Netzebenen des Siliciums auf vier Netzebenen der Al-Matrix, wie aus der eingezeichneten vergrößerten Darstellung zu entnehmen ist. Ähnliche Koinzidenzen wurden auch in speziellen epitaxialen Bikristallsystemen mit hoher Fehlpassung beobachtet.

Ein weiteres Beispiel für die Erfassung von Grenzflächenstrukturen ist in Abb. 24 gegeben, in dem die Grenzfläche zwischen einem tetragonalen ZrO_2-Einlagerungs-Partikel und einer Al_2O_3-Matrix (großes Korn) gegeben ist [8]. Die Abbildung stammt aus einer Untersuchungsserie von keramischen Werkstoffen, bei denen zur Verbesserung der mechanischen Eigenschaften ZrO_2-Partikel eingebracht worden sind, und an denen durch gezielte Wärmebehandlung (Sinterprozeß) eine martensitische Transformation (tetragonal-monoklin) beabsichtigt ist. Durch die Fehlpassung von 6,7% zwischen ZrO_2 und Al_2O_3 (genauer zwischen den (200)-Netzebenen des ZrO_2 und den (110)-Netzebenen des Al_2O_3 (0,245 nm bzw. 0,237 nm) sind aller 15 Netzebenen zusätzlich Al_2O_3-(110)-Netzebenen eingeschoben.

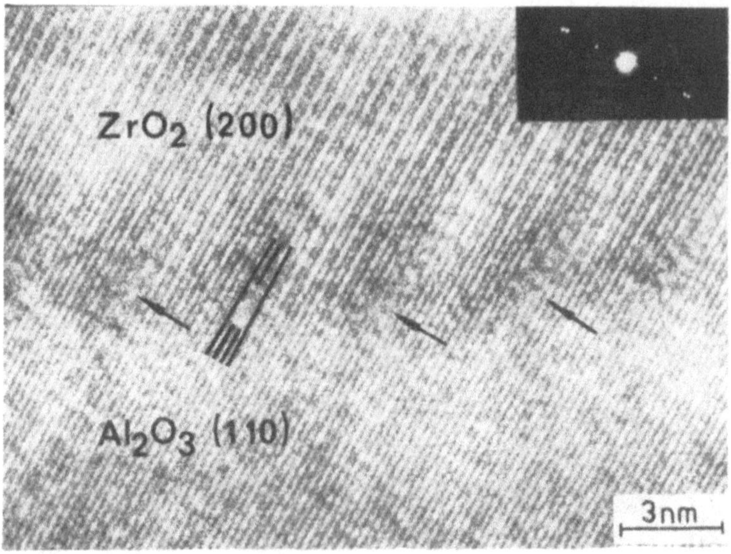

Abb. 24 Anpassungsversetzungen in der Grenzfläche zwischen einem ZrO_2- und einem Al_2O_3-Bereich in einem keramischen Werkstoff

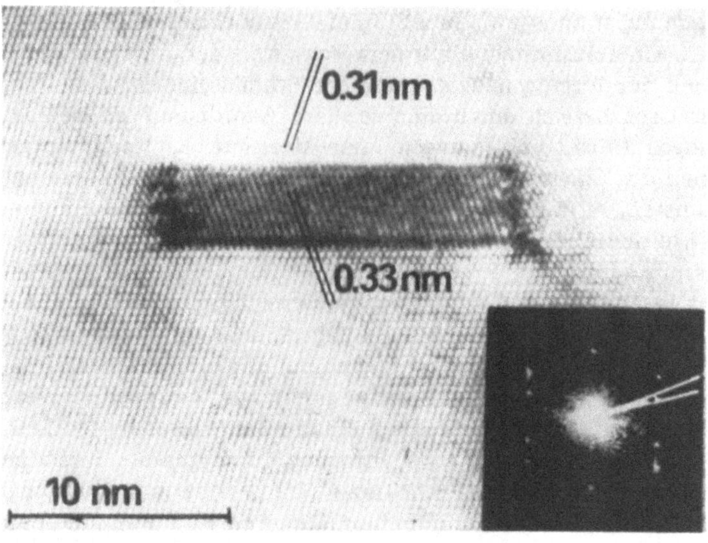

Abb. 25 EM-Netzebenenabbildung eines Mikrozwillings in einer mit Phosphor dotierten Silicium-Probe (rechts unten: optisches Diffraktogramm)

Abb. 25 betrifft die Charakterisierung eines Kristalldefektes in Silicium [66, 67], und zwar in einem speziell dotierten (phosphor-implantierten) Si-Einkristall. Abgebildet sind die (111)-Netzebenen des Silicium mit einem Abstand von 0,31 nm, die das Vorhandensein eines Mikrozwillingsbereichs erkennen lassen. Die exakte Erfassung des Netzebenenabstandes im Mikrozwillingsbereich durch Auswertung eines von der Abbildung angefertigten optischen Diffraktogramms (siehe: Abbildung unten rechts) ergibt einen Wert von 0,33 nm. Es liegt hier die Vermutung nahe, daß durch räumlich inhomogenen Einbau der Phosphor-Dotierungsatome im Mikrozwillingsbereich eine Gitteraufweitung erzeugt wurde, die der Bildung einer plättchenförmigen Ausscheidung von SiP_2 entspricht. Bei Vorhandensein zusätzlicher Informationen lassen sich so durch die Interpretation von Unterschieden in den Netzebenenabständen analytische Aussagen gewinnen.

Durch Anwendung der neuen Generation von Hochauflösungs-Elektronenmikroskopen deutet sich die Möglichkeit an, einzelne Atomspezies im Kristallgitter gezielt abzubilden bzw. zu unterscheiden: Van Dyk, Van Tendeloo und Amelinckx [68] haben selektive Hochauflösungs-Abbildungen von Subgittern in komplizierten Oxidstrukturen durch gezielte Defokussierung erzielt. Durch geeignete Wahl von Defokussierungswerten konnten sie z. B. für das Oxid ($Ba_2NaNb_5O_{15}$) in getrennten Abbildungen die Positionen von Barium-, Natrium- und Niob-Atomen einzeln erfassen. Die Möglichkeiten der gleichzeitigen Abbildung von Subgittern wurde von Ourmazd und Mitarbeitern [69] erprobt. Abb. 26 zeigt dazu eine Gitterabbildung von Indiumphosphit in ⟨100⟩-Orientierung (mit einem computersimulierten Bild links

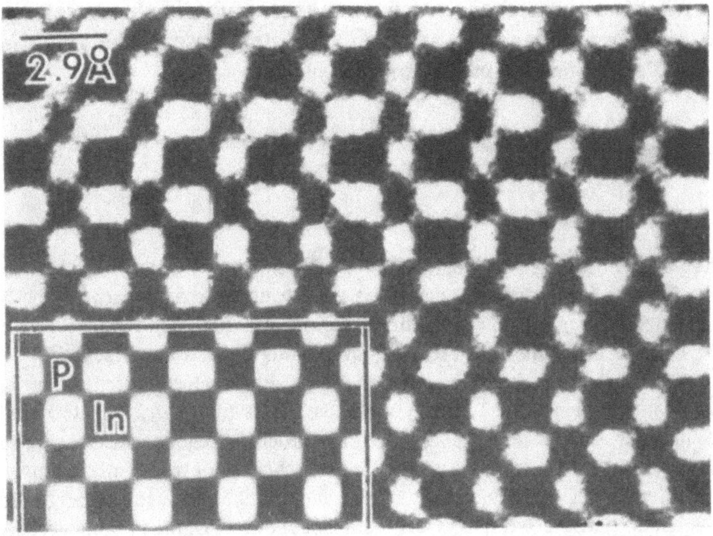

Abb. 26 ⟨100⟩-Gitterabbildung von InP (links unten: computersimuliertes Bild) mit Angabe der Positionen der In- und P-Atome (A. Ourmazd et al. [69])

unten), die bei einer Defokussierung von etwa 40 nm aufgenommen wurde. Die Positionen der Indium- und der Phosphor-Atome sind angegeben (Atomreihen dunkel). In der Abbildung ist zu erkennen, daß die schwereren Indium-Atome größer und dunkler erscheinen als die leichteren Phosphor-Atome. Die Autoren argumentieren, daß diese Technik auf alle Verbindungshalbleiter vom Zinkblende-Typ anwendbar ist, so daß gleichzeitig chemische und strukturelle Information mit atomarer Auflösung erzielt wird. Es sollte auf diese Weise in Zukunft möglich sein, Defekte und Phasengrenzen zu untersuchen, deren Eigenschaften von Subgitteranordnungen abhängen.

5 Zusammenfassung

Durch kombinierten Einsatz von Abbildungsverfahren – Hochauflösungs-EM –, von Beugungsverfahren – Mikrobeugung, insbesondere Beugung im konvergenten Bündel – und von spektroskopischen Verfahren – Röntgenspektrometrie: EDS, Elektronenspektrometrie: EELS – sind in der analytischen Elektronenmikroskopie kristalliner Objekte folgende Aussagen zu erzielen:

- die Erfassung der Morphologie mit einer lateralen Auflösung von wenigen Zehntel nm
- die Bestimmung der Gitterstruktur von Objektbereichen von wenigen nm Ausdehnung
- der Nachweis der chemischen Zusammensetzung von Feinbereichen von wenigen nm (EELS) bzw. von wenigen 10 nm (EDS) Größe.

Damit sind durch die analytische Elektronenmikroskopie die Voraussetzungen für echte Nanobereichsanalyse gegeben, von der wesentliche Impulse für die moderne Werkstofforschung erwartet werden.

Der Autor bedankt sich bei den in den Bildunterschriften genannten auswärtigen Wissenschaftlern für die freundliche Überlassung elektronenmikroskopischer Abbildungen. Bezüglich der im Institut für Festkörperphysik und Elektronenmikroskopie der AdW der DDR erhaltenen und in dieser Broschüre mitgeteilten Arbeitsergebnisse sei den folgenden Mitarbeitern herzlich gedankt: Dipl.-Phys. H. Blumtritt, Dr. R. Gleichmann, Dr. D. Häußler, Dr. T. Krajewski, Dr. E. Pippel, Dr. W. Rechner, Dipl.-Phys. R. Schneider, Dr. P. Werner, Dr. J. Woltersdorf. Anregende Diskussionen zum Gesamtgebiet und zu Teilaspekten der analytischen Elektronenmikroskopie konnten mit den Herren Dr. T. Krajewski, Dr. W. Neumann und insbesondere mit Herrn Dr. W. Rechner geführt werden, wofür ein besonderer Dank gesagt werden soll.

Literatur

[1] Hren, J. J., J. I. Goldstein, D. C. Joy (eds.): Introduction to Analytical Electron Microscopy, Plenum Press, New York 1979.

[2] Williams, D. B.: Practical Analytical Electron Microscopy in Materials Science, Philips Electronic Instrum. Inc., Mahwah, NJ 1983.

[3] Bando, Y., Y. Matsui, Y. Uemura, T. Oikawa, S. Suzuki, T. Honda, Y. Harada: Ultramicroscopy **18** (1985) 117.

[4] Bauer, H.-D.: Analytische Transmissionselektronenmikroskopie (Beiträge zur Forschungstechnologie, Bd. 13), Akademie-Verlag, Berlin 1986.

[5] Heydenreich, J., W. Rechner: Mikrochim. Acta (1987), I, 93.

[6] Heydenreich, J., in: Lecture Notes in Physics 301, S. 95, Springer-Verlag, Berlin 1987.

[7] Bourret, A., C. Colliex: Ultramicroscopy **9** (1982) 183.

[8] Woltersdorf, J., E. Pippel: Silikattechnik **38** (1987) 316.

[9] Goldstein, J. I., D. E. Newbury, P. Echlin, D. C. Joy, Ch. Fiori, E. Lifshin: Scanning Electron Microscopy and X-Ray Microanalysis, Plenum Press, New York 1981.

[10] Brümmer, O., J. Heydenreich, K. H. Krebs, H. G. Schneider (Eds.): Festkörperanalyse mit Elektronen, Ionen und Röntgenstrahlen, IEB Deutscher Verlag der Wissenschaften, Berlin 1980.

[11] Heinrich, K. F. J.: Electron Beam X-Ray Microanalysis, Van Nostrand, New York 1981.

[12] Goldstein, J. I., D. B. Williams, in: Scanning Electron Microscopy 1977, Vol. I (O. Johari, ed.) IIT Res. Inst., Chicago, IL, 1977, p. 651.

[13] Zaluzec, N. J., in: Introduction to Analytical Electron Microscopy (J. J. Hren, J. I. Goldstein, D. C. Joy, eds.), Plenum Press, New York 1979, p. 121.

[14] Joy, D. C., D. M. Maher, in: Scanning Electron Microscopy 1977, Vol. I (O. Johari, ed.), IIT Res. Inst., Chicago, IL, 1977, p. 325.

[15] Cliff, G., G. W. Lorimer: J. Microsc. (London) **103** (1975) 203.

[16] Williams, D. B.: Proc. XIth Int. Congr. on Electron Microscopy, Vol. I, Kyoto 1986, p. 45.

[17] Kamino, T., Y. Ueki, K. Kuroda, H. Saka, T. Imura: Proc. XIth Int. Congr. on Electron Microscopy, Vol. I, Kyoto 1986, p. 571.

[18] Williams, D. B., J. W. Edington: J. Microsc. (London) **108** (1976) 113.

[19] Maher, D. M., in: Introduction to Analytical Electron Microscopy (J. J. Hren, J. I. Goldstein, D. C. Joy, eds.), Plenum Press, New York 1979, p. 259.

[20] Ahn, C. C., O. L. Krivanek, R. P. Burgner, M. M. Disko, P. R. Swann: EELS Atlas, Arizona State Univ., Tempe, AZ, Gatan, Inc., Warrendale, PA 1983.

[21] Rez, P.: Ultramicroscopy **9** (1982) 283.

[22] Wittry, D. B.: J. Phys. **D 2** (1969) 1757.

[23] Crewe, A. V., M. Isaacson, D. Johnson: Rev. Sci. Instrum. **42** (1971) 411.

[24] Egerton, R. F.: Ultramicroscopy **3** (1978) 39.

[25] Rose, H., E. Plies: Optik **40** (1974) 336.

[26] Zanchi, G., J. Ph. Perez, J. Sevely: Optik **43** (1975) 495.

[27] Krivanek, O. L., P. R. Swann, in: Quantitative Microanalysis with High Spatial Resolution (G. W. Lorimer, M. H. Jacobs, P. Doig, eds.), The Metals Soc., London 1981, p. 139.

[28] Rechner, W., R. Schneider: Veröff. 11. Tag. Elektronenmikroskopie der Phys. Ges. DDR, Vol. I, Dresden 1984, p. 153.
[29] Colliex, C., P. Trebbia: Ultramicroscopy **9** (1982) 259.
[30] Egerton, R. F.: Ultramicroscopy **3** (1978) 243.
[31] Crewe, A. V., J. P. Langmore, M. S. Isaacson, in: Physical Aspects of Electron Microscopy and Microanalysis (B. M. Siegel, D. R. Beaman, eds.), Wiley, New York 1975, p. 47.
[32] Ottensmeyer, F. P., J. W. Andrew: J. Ultrastruct. Res. **72** (1980) 336.
[33] Colliex, C.: Proc. XIth Int. Congr. on Electron Microscopy, Vol. I, Kyoto 1986, p. 41.
[34] Isaacson, M.: Proc. XIth Int. Congr. on Electron Microscopy, Vol. I, Kyoto 1986, p. 37.
[35] Bando, Y., Y. Kitami, T. Sakai: Proc. XIth Int. Congr. on Electron Microscopy, Vol. II, Kyoto 1986, p. 911.
[36] Boersch, H.: Ann. Phys. **27** (1936) 75.
[37] Le Poole, J. B.: Philips Tech. Rundsch. **9** (1947) 33.
[38] Rieke, W D.: Z. Angew. Phys. **27** (1969) 155.
[39] Van Oostrum, K. J., A. Leenhouts, A. Jore: Appl. Phys. Lett. **23** (1973) 283.
[40] Geiss, R. H.: Appl. Phys. Lett. **27** (1975) 174.
[41] Cowley, J. M.: Ultramicroscopy **7** (1981) 19.
[42] Kossel, W., G. Möllenstedt: Ann. Phys. **36** (1939) 113.
[43] Steeds, J. W., in: Introduction to Analytical Electron Microscopy (J. J. Hren, J. I Goldstein, D. C. Joy, eds.), Plenum Press, New York 1979, p. 387.
[44] Williams, D. B.: Practical Analytical Electron Microscopy in Materials Science, Philips Electronic Instrum. Inc., Mahwah, NJ 1983, p. 133.
[45] Steeds, J. W., in: Quantitative Microanalysis with High Spatial Resolution (G. W. Lorimer, M. H. Jacobs, P. Doig, eds.), The Metals Soc., London 1981, p. 210.
[46] Steeds, J. W.: Inst. Phys. Conf. Ser. No. **68** (1983) 31.
[47] Wang, R., H. Zou, S. Jiao: Proc. XIth Int. Congr. on Electron Microscopy, Vol. I, Kyoto 1986, p. 711.
[48] Ecob, R. C., M. P. Shaw, A. J. Porter, B. Ralph: Philos. Mag. **A 44** (1981) 1117.
[49] Preston, A. R., D. Cherns: Inst. Phys. Conf. Ser. No. **78** (1985) 41.
[50] Schapink, F. W., S. K. E. Forghany, B. F. Buxton: Acta Cryst. **A 39** (1983) 805.
[51] Carpenter, R. W., J. C. H. Spence: Acta Cryst. **A 38** (1982) 55.
[52] Johnson, A. W. S.: Acta Cryst. **A 28** (1972) 89.
[53] Forghany, S. K. E., F. W. Schapink: Proc. 10th Int. Congr. on Electron Microscopy, Vol. I, Hamburg 1982, p. 643.
[54] Steeds, J. W., R. Vincent: J. Appl. Crystallogr. **16** (1983) 317.
[55] Buxton, B. F., J. A. Eades, J. W. Steeds, G. M. Rackham: Philos. Trans. R. Soc. London **281** (1976) 171.
[56] Gjønnes, G., A. F. Moodie: Acta Cryst. **19** (1965) 65.
[57] Tanaka, M., M. Terauchi: Convergent-Beam Electron Diffraction, JEOL Ldt., Tokyo 1985.
[58] Kondo, Y., T. Ito, Y. Harada: Jap. J. Appl. Phys. **23** (1984) L 178.
[59] Eades, J. A. Inst. Phys. Conf. Ser. No. **52** (1980) 9.

[60] Hashimoto, H., H. Endoh, T. Honda, Y. Harada, S. Sakurai, T. Etoh: Proc. 10th Int. Congr. on Electron Microscopy, Vol. I, Hamburg 1982, p. 373.

[61] Thompson, M. N., P. Hagemann: Proc. 8th Eur. Congr. on Electron Microscopy, Vol. I, Budapest 1984, p. 61.

[62] Spence, J. C. H.: Experimental High-Resolution Electron Microscopy, Clarendon Press, Oxford 1981.

[63] Ourmazd, A., K. Ahlborn, K. Ibeh, T. Honda: Appl. Phys. Lett. **47** (1985) 685.

[64] Neumann, W., M. Pasemann, J. Heydenreich, in: Crystals, Growth, Properties, and Applications 7 (H. C. Freyhardt, ed.), Springer, Berlin-Heidelberg-New York 1982, p. 1.

[65] Häußler, D., S. Skladnikiewitz, P. Werner, E. Pippel: J. Microsc. Spectrosc. Electron **12** (1987) 231.

[66] Armigliato, A., P. Werner: Ultramicroscopy **15** (1984) 61.

[67] Heydenreich, J., in: Crystal Growth of Electronic Materials (ISSCG-5) (E. Kaldis, ed.), North-Holland, Amsterdam 1985, p. 325.

[68] Van Dyck, D., G. Van Tendeloo, S. Amelinckx: Proc. XIth Int. Congr. on Electron Microscopy, Vol. I, Kyoto 1986, p. 797.

[69] Ourmazd, A., J. R. Rentschler, D. W. Taylor: Phys. Rev. Lett. **57** (1986) 3073.

ISBN 3-05-500 524-4
ISSN 0138-3965

FSC
www.fsc.org
MIX
Papier | Fördert
gute Waldnutzung
FSC® C083411

Zeitfracht Medien GmbH
Ferdinand-Jühlke-Straße 7
99095 Erfurt, Deutschland
produktsicherheit@kolibri360.de